Николай Владимирович Щеглов

Изоляция силовых сверхпроводящих кабелей

Николай Владимирович Щеглов

Изоляция силовых сверхпроводящих кабелей

LAP LAMBERT Academic Publishing

Impressum / Выходные данные

Bibliografische Information der Deutschen Nationalbibliothek: Die Deutsche Nationalbibliothek verzeichnet diese Publikation in der Deutschen Nationalbibliografie; detaillierte bibliografische Daten sind im Internet über http://dnb.d-nb.de abrufbar.
Alle in diesem Buch genannten Marken und Produktnamen unterliegen warenzeichen-, marken- oder patentrechtlichem Schutz bzw. sind Warenzeichen oder eingetragene Warenzeichen der jeweiligen Inhaber. Die Wiedergabe von Marken, Produktnamen, Gebrauchsnamen, Handelsnamen, Warenbezeichnungen u.s.w. in diesem Werk berechtigt auch ohne besondere Kennzeichnung nicht zu der Annahme, dass solche Namen im Sinne der Warenzeichen- und Markenschutzgesetzgebung als frei zu betrachten wären und daher von jedermann benutzt werden dürften.

Библиографическая информация, изданная Немецкой Национальной Библиотекой. Немецкая Национальная Библиотека включает данную публикацию в Немецкий Книжный Каталог; с подробными библиографическими данными можно ознакомиться в Интернете по адресу http://dnb.d-nb.de.
Любые названия марок и брендов, упомянутые в этой книге, принадлежат торговой марке, бренду или запатентованы и являются брендами соответствующих правообладателей. Использование названий брендов, названий товаров, торговых марок, описаний товаров, общих имён, и т.д. даже без точного упоминания в этой работе не является основанием того, что данные названия можно считать незарегистрированными под каким-либо брендом и не защищены законом о брендах и их можно использовать всем без ограничений.

Coverbild / Изображение на обложке предоставлено: www.ingimage.com

Verlag / Издатель:
LAP LAMBERT Academic Publishing
ist ein Imprint der / является торговой маркой
OmniScriptum GmbH & Co. KG
Heinrich-Böcking-Str. 6-8, 66121 Saarbrücken, Deutschland / Германия
Email / электронная почта: info@lap-publishing.com

Herstellung: siehe letzte Seite /
Напечатано: см. последнюю страницу
ISBN: 978-3-659-66048-1

Оглавление

Введение

Повышенные качества энергии поставляемой потребителю становятся приоритетными направлениями в развитии энергетики в XXI веке. Повышаются требования к экологическим и ресурсосберегающим параметрам на всех этапах производства и распределения электроэнергии.

Использование сверхпроводниковых материалов позволяет выработать новые подходы к созданию электротехнических устройств. В кабелях из традиционных материалов (медь, алюминий) проблема повышения передаваемой мощности и минимизации потерь энергии решается в основном за счёт увеличения рабочего напряжения и увеличения сечений токопроводящих жил. Максимально достигнутые значения рабочего напряжения маслонаполненных кабелей находятся на уровне 500 кВ, а передаваемая мощность на уровне 0,5 – 1,5 ГВт. При этом возникает ряд экологических проблем: блуждающие токи, разогрев почвы, электромагнитные излучения и засорение почвы маслами вблизи подстанций в местах повреждения кабеля. Кроме того, необходимо создание компенсаторов реактивной мощности, а длина кабельных линий ограничена.

Сверхпроводящие силовые кабели (СПК) позволяют поднять предел передаваемой мощности до (1 – 10) ГВА при уровне напряжения 110 – 220 кВ. Экологически СПК коаксиальной конструкции являются почти идеально чистыми, поскольку экранируют электромагнитное поле полностью и при этом отсутствуют разогрев почвы и загрязнение маслами. КПД передачи СПК достигает 98 – 99%.

Реальные работы над силовыми СПК начались после открытия (к концу 60 – х годов XX столетия) интерметаллического соединения Nb_3Sn. Было разработано и испытано множество образцов и моделей СПК длинами от 1 до 115 м. За рубежом наиболее продуктивно проводились работы в Брукхейвенской национальной лаборатории (БНЛ), США.

В России над созданием СПК работали в ЭНИНе, ВЭН и во ВНИИКП с 1970 года. К 80 – м годам XX столетия возобладала концепция полностью гибкого кабеля (ГСПК) с гибкими жилами и криостатирующими оболочками. Значительные результаты были достигнуты в России (ВНИИКП) и США (БНЛ). Во ВНИИКП был изготовлен кабель длиной 50 м, создан стенд и испытана фаза переменного тока с параметрами: критический ток 8,6 кА и напряжение до 110 кВ. В 1984 и 1986 годах изготовлены два кабели длиной 50 м с критическими токами, равными 78 и 126 кА. Полученные в экспериментах токи являются наибольшими в мире на сегодняшний день. В БНЛ был создан стенд и испытан на номинальные рабочие параметры 115 – метровый отрезок кабеля.

При этом высокие стоимости сверхпроводника и гелия, а также криогенно – вакуумного оборудования подняли уровень экономической целесообразности замены традиционных кабелей на СПК до (4÷5) ГВт. Поэтому низкотемпературные СПК не были востребованы и работы над ними были свёрнуты во всём мире.

Открытие высокотемпературной сверхпроводимости дало новые возможности для её применения в электротехнических устройствах. Использование для охлаждения дешёвого и доступного жидкого азота вместо дорогостоящего гелия позволило проектировать экономически выгодные сверхпроводящие устройства. Кроме того, охлаждение до температуры жидкого азота требует на порядки меньших энергетических затрат, это также улучшает экономические показатели сверхпроводящих систем.

Основное преимущество всех высокотемпературных проводников – высокая критическая температура, снижающая требования к криогенной системе. Поэтому имеется большой запас по температуре и более высокая стабильность, обусловленная высокой удельной теплоёмкостью при температуре жидкого азота. Для большинства высокотемпературных сверхпроводников также характерно высокое критическое магнитное поле.

В настоящее время высокотемпературные сверхпроводники промышленно выпускаются в основном в виде лент. Для увеличения токоведущей способности исходные базовые провода объединяются в различные комбинации. При создании силовых кабелей объединяют несколько десятков исходных сверхпроводящих лент и при этом необходимо обеспечить их равномерную загрузку током.

1. Криогенные кабели

Токопроводящая жила криогенного кабеля из обычного материала (алюминия, меди) работает при криогенных температурах. При этом используется явление снижения удельного сопротивления проводниковых материалов при понижении температуры (рис. 1.1). Токопроводящая жила такого кабеля может охлаждаться жидкостью как это осуществляется в маслонаполненных кабелях с форсированным охлаждением. Для криогенных кабелей необходимо, чтобы криогенная жидкость охлаждала токопроводящую жилу до рабочей температуры.

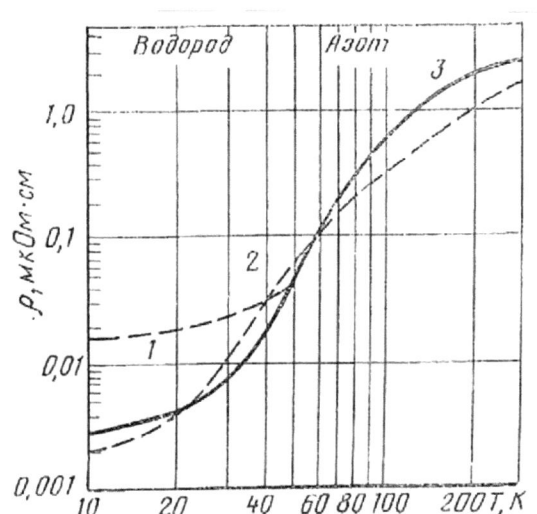

Рис. 1.1 Зависимость удельного электрического
сопротивления ρ меди и алюминия от температуры Т:
1 – промышленная медь; 2 – медь высокой чистоты;
3 – алюминий высокой чистоты

Большая часть стоимости криогенного оборудования приходится на рефрижераторы в следствие того, что их производительность не велика, особенно при низких температурах. Основные параметры хладагентов и рефрижераторов приведены в табл. 1.1.Оптимальным хладагентом для криопроводящих кабелей может служить жидкий водород, но из – за низкой стоимости и безопасного обслуживания применение азота более целесообразно. Если в обычных кабелях одной из основных проблем является рассеивание теплоты, то в криогенных – ограничение проникновения теплоты в охлаждающую зону.

Таблица 1.1.

Параметры хладагентов и рефрижераторов

Хладагент	Затраты мощности на отвод 1 Вт теплоты, Вт		Отношение сопротивления алюминия в хладагенте к сопротивлению при температуре окружающей среды
	Теоретически	Практически	
Обычное масло	–	–	1
Жидкий азот	3	6 – 10	1/10
Жидкий водород	14	50 – 100	1/500
Жидкий гелий	75	300 – 500	–

Вопросы разработки криопроводящих кабелей сводятся к выбору электрической изоляции, системы охлаждения и криогенной оболочки, предотвращающей проникновение теплоты в охлаждённую зону кабеля. Во всех типах криогенных кабелей охлаждающая жидкость прокачивается через каналы в токопроводящей жиле и отводит тепло, которое выделяется в ней или проникает снаружи. Характеристики криогенных жидкостей приведены в табл. 1.2.

Таблица 1.2.

Характеристики криогенных жидкостей

Характеристика	Гелий	Водород	Азот	Вода	Додецилбензольное масло
Температура кипения, К	4,2	20,4	77,3	373	360
Теплота испарения жидкости, Дж/г	21	450	198	2300	–
Удельная теплоёмкость, Дж/(г*К)	4,5	9,8	1,1	4,2	2,07
Плотность г/см^3	0,13	0,07	0,74	1,0	0,88

1.1. Сверхпроводники

В 1911 г. Каммерлинг – Оннес обнаружил, что при низких температурах электрическое сопротивление некоторых металлов полностью исчезает. Это явление он назвал сверхпроводимостью и предположил, что объяснение сверхпроводимости может быть дано квантовой теорией. В 1913 г. он становится лауреатом Нобелевской премии, а физики начинают всесторонние исследования открытого им явления, и одной из главных задач для них становится максимальное повышение температуры перехода в сверхпроводящее состояние – критической температуры сверхпроводника.

Гипотеза Ф. Лондона, что для сверхпроводников диамагнетизм является фундаментальным свойством и согласно современному определению, состояние сверхпроводимости предполагает в равной степени отсутствие у образца электрического сопротивления и его идеальный диамагнетизм.

Идею Ф. Лондона, что по своей природе сверхпроводимость – это квантовый эффект, проявляющийся во всём объёме развили Дж. Бардин, Л. Купер и Дж. Роберт Шифер. В 1972 г. за совместное создание теории сверхпроводимости были удостоены Нобелевской премии. Согласно этой теории, названной в честь авторов «теорией БКШ», электроны в сверхпроводнике ведут себя как совокупность так называемых «куперовских пар», возникновение которых обусловлено взаимодействием электронов с колебаниями кристаллической решётки. Электронная система куперовских пар движется через кристаллическую решётку металла, не замечая её и, таким образом, не теряя энергию. У сверхпроводников имеется три основных характеристики:

— критическая температура – $T_{кр}$;

— критическое магнитное поле – $H_{кр}$;

— критическая плотность тока – $J_{кр}$.

При нахождении сверхпроводника в условиях, превышающих критические значения, сверхпроводимость исчезает,

В соответствии с теорией «БКШ» сила взаимодействия двух электронов видоизменяется с решёткой так, что два электрона (противоположными спинами и

7

моментами) начинают притягиваться и образуют пару Купера, которая не может быть рассеяна процессами, определяющими сопротивление нормального проводника. В сверхпроводнике возникающая при низких температурах энергия соударения недостаточна для того, чтобы разорвать связь пары Купера, и потому она проходит по проводнику без рассеивания, то есть с нулевыми сопротивлениями.

В сверхпроводящем материале имеется два типа электронов – нормальные (с высокой энергией) и пары Купера. При температуре 0 К все электроны находятся в сверхпроводящем состоянии. По мере повышения температуры соударения могут при определённых обстоятельствах привести к разрыву пары и образованию электронов, имеющих высокую энергию. Этот процесс продолжается до температуры $T_{кр}$, после которой проводник становится нормальным.

При воздействии на сверхпроводник внешнего магнитного поля на его поверхности индуцируются токи, которые экранируют внутреннюю часть сверхпроводника от этого поля. Исключение магнитного потока из основной массы сверхпроводника носит название эффекта Мейснера. Эффект Мейснера, значит, что сверхпроводники являются идеальными диамагнетиками, для которых:

$$J = æ \cdot H, \ æ \leq 0, \ æ = \mu - 1,$$ (1.1)

где J – плотность тока, Н – напряжённость магнитного поля, æ – магнитная восприимчивость, μ - магнитная проницаемость.

Если напряжённость магнитного поля на поверхности равна Н, то по мере углубления в сверхпроводник она быстро падает и на глубине х от поверхности она составляет

$$H_x = H \cdot e^{\left(-\frac{x}{\lambda}\right)},$$ (1.2)

где λ – глубина проникновения.

При очень больших напряжённостях приложенного магнитного поля сверхпроводник может перейти в нормальное состояние.

Для любой температуры, меньшей $T_{кр}$, существует критическое значение напряжённости магнитного поля $H_{кр}$, выше которого материал становится нормальным проводником. Зависимость между критическим значением напряжённости поля и температурой описывается выражением

$$H_{\text{кр}} = H_0 \left[1 - \left(\frac{T}{T_{\text{кр}}} \right)^2 \right], \quad (1.3)$$

где T – абсолютная температура; H_0 – критическая напряжённость магнитного поля при температуре абсолютного нуля; $T_{\text{кр}}$ – абсолютная температура, при которой наступает сверхпроводимость в нулевом магнитном поле.

Таким образом, ток, который может быть пропущен по сверхпроводнику, ограничивается магнитным полем, обусловленным этим же током. Критический ток $I_{\text{кр}}$ – это такой ток, при котором напряжённость генерируемого магнитного поля на поверхности проводника имеет критическое значение. Это явление носит название «правило Сильсби». Это правило не распространяется на очень тонкие материалы, у которых значение критического тока во много раз превышает расчётное.

Для кабеля с радиусом проводящей жилы r между критической напряжённостью магнитного поля и критическим током справедлива следующая зависимость

$$H_{\text{кр}} = \frac{I_{\text{кр}}}{2\pi r}, \quad (1.4)$$

В соответствии с выражением (1.4) зависимость между критическим током и температурой (рис. 1.2) может быть записана аналогично зависимость критического тока от температуры

$$I_{\text{кр}} = I_0 \left[1 - \left(\frac{T}{T_{\text{кр}}} \right)^2 \right], \quad (1.5)$$

где I_0 – критический ток при температуре абсолютного нуля.

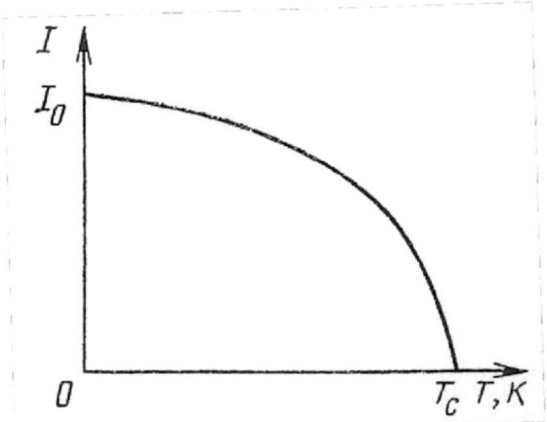

Рис. 1.2. Зависимость критического тока I от температуры Т

Для обеспечения экономически целесообразной нагрузочной способности необходимо, чтобы рабочая температура сверхпроводящего кабеля была ниже критической.

Металлы, у которых переход из нормального состояния в сверхпроводящее происходит скачком, называются сверхпроводниками I рода; к ним относятся ряд чистых металлов, в том числе свинец.

Сверхпроводники II рода могут иметь состояние, при котором существует как сверхпроводящая, так и нормальная фазы. Смешанное состояние проявляется в некотором диапазоне электромагнитного поля, ниже которого эти материалы проявляют свойства сверхпроводников I рода, а выше – свойства обычных проводников. При нахождении материала в смешанном состоянии, ток и магнитное поле как бы пронизывают его.

На переменном токе потери при (при f=50 Гц) в лентах из ниобия или соединений ниобий – олово меньше 0,1 Вт/м² при нагрузке 40 А на 1 мм периметра. В связи с тем, что ток в основном течёт по поверхности цилиндрической токопроводящей жилы, его плотность удобно выражать в амперах на единицу длины окружности. К сверхпроводникам II рода относится большое количество интерметаллических соединений, таких как ниобий – олово (Nb₂Sn), ниобий – цирконий (NbZr) и ниобий титан (NbTi). В 1969 г. был разработан сверхпроводник IIрода с критической температурой 20,7 К.

Сверхпроводники II рода характеризуются двумя критическими напряжённостями магнитного поля. До некоторого значения, равного $H_{кр1}$ (нижнее значение критической напряжённости магнитного поля), магнитный поток вытесняется из материала и проявляется свойство сверхпроводников I рода. При больших значениях напряжённости магнитный поток проникает в сверхпроводник и материал имеет как сверхпроводящую, так и нормальную фазы; при этом материал находится в смешанном состоянии. Сверхпроводник в этом состоянии имеет нулевое электрическое сопротивление постоянному току вплоть до верхнего значения критической напряжённости магнитного поля $H_{кр2}$, однако проникновение в сверхпроводник магнитного потока приводит к возникновению потерь на переменном токе.

Основные данные широко применяемых сверхпроводников приведены в таблице 1.3.

Таблица 1.3

Основные характеристики сверхпроводников

Сверхпроводник	Сверхпроводниковый материал	Критическая температура, К	Критическое магнитное поле при температуре 4,2 К, Тл
I рода	Pb	7,2	0,08*
	Ta	4,5	0,08*
II рода	Nb	9,3	0,15
	Nb(48% Ti)	9,5	12
	Nb(25% Ti)	10	7
	Nb₃Sn	18,4	22
	Nb₃(Al₀,₈Ge₀,₂)	21	41
	Nb₃Ge	23,2	3**

Примечание: * при 0 К, ** при 20 К.

11

1.2 Термическая изоляция – криогенные оболочки

Одним из основных источников теплоты, поступающей к хладагенту (температура охлаждающей зоны 5 – 77К), является окружающая среда (с температурой около 300К). Для снижения притока тепла применяется термическая изоляция, образующая криогенную оболочку.

Для сверхпроводящих кабелей может быть экономически выгодным иметь промежуточный тепловой экран, в качестве которого может служить жидкий азот. Жидкий азот в этом случае поглощает 90% поступающей извне теплоты. Теплота передаётся в результате теплопроводности, конвекции и излучения.

При применении вакуума количество теплоты (Вт/м^2) передаваемой излучением определяется следующим выражением

$$Q_{изл} = 5{,}67 \cdot 10^{-8} \cdot (T_1^4 - T_2^4) \cdot \frac{\varepsilon_1 \cdot \varepsilon_2}{\varepsilon_1 + \varepsilon_2 - \varepsilon_1 \cdot \varepsilon_2}, \qquad (1.6)$$

где T_1 и T_2 – температуры вакуумных поверхностей; ε_1 и ε_2 – коэффициенты теплового излучения вакуумных поверхностей $\varepsilon_1 \approx \varepsilon_2 = 0{,}03$.

Мощность излучения значительно снижается, если применять отражательные экраны, при этом n экранов снижает в (n+1) раз. Такие экраны могут быть получены путём использования слоёв из алюминиевой фольги, разделённых распорками из стекловолокна или нейлоновой сеткой, помещённой в вакуумное пространство и образующей так называемую «суперизоляцию». Удельная теплопроводность такой изоляции находится в пределах $(1 \cdot 10^{-5} \div 10{,}7 \cdot 10^{-4})$ Вт/м·К. Суперизоляция наиболее эффективна, но она дорогая, не имеет достаточной механической прочности и требует вакуум порядка 133,3 Па.

Менее эффективной, но более дешёвой и достаточной механической прочности является вакуумированная порошковая теплоизоляция на основе аэрогеля. Удельная теплопроводность теплоизоляции $(6 \div 12) \cdot 10^{-4}$ Вт/м·К и может применяться при температуре до 77 К.

В диапазоне температур (300 – 77)К может использоваться пенистая теплоизоляция с удельной теплопроводностью $(260 \div 360) \cdot 10^{-4}$ Вт/м·К. Задача теплоизоляции состоит в том, чтобы сохранить теплоприток в гелиевую зону кабеля на уровне нескольких микроватт на 1 см^2.

1.3 Рефрижераторные и охлаждающие системы

В рефрижераторных установках для жидкого гелия (рис. 1.3) применяется система Клода. Турборасширитель имеет более высокий срок службы, чем расширитель поршневого типа, хотя последний и более производителен. Холодопроизводительность при различных нагрузках представлена на рис. 1.4.

Стоимость рефрижераторной установки может быть оценена по следующей формуле:

$$C = C_0 \left(\frac{H}{H_0}\right)^n, \qquad (1.7)$$

где C–стоимость разрабатываемой рефрижераторной установки;

H – габариты разрабатываемой рефрижераторной установки;

C_0 – стоимость известной установки;

H_0 – габариты известной установки;

n=0.6

Из выражения (1.7) следует, что чем больше система, тем меньше относительные расходы на охлаждение. Для повышения надёжности, а так же для увеличения мощности при охлаждении кабеля перед его включением в работу применяют систему сдвоенных рефрижераторных установок.

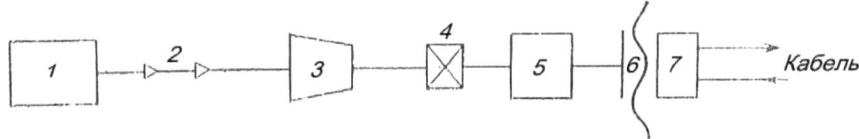

Рис. 1.3. Схема охлаждающей установки, работающей по системе Клода: 1 – установка предварительного охлаждения газа; 2 – расширительная секция; 3 – турборасширитель; 4 – вентиль Джоуля – Томсона; 5 – накопитель; 6 – теплообменник; 7 – насос.

Основное влияние на выбор максимальной длины секции КЛ между режераторнымиустановками и насосными станциями оказывают два фактора: максимальное превышение температуры и максимально допустимое падение давления хладоагента. Необходимо исключить появление в охлаждающих каналах смеси жидкости и газа, так как появление такой смеси оказывает влияние и на электрические характеристики изоляции, для которой охлаждающая жидкость может являться пропитывающим составом.

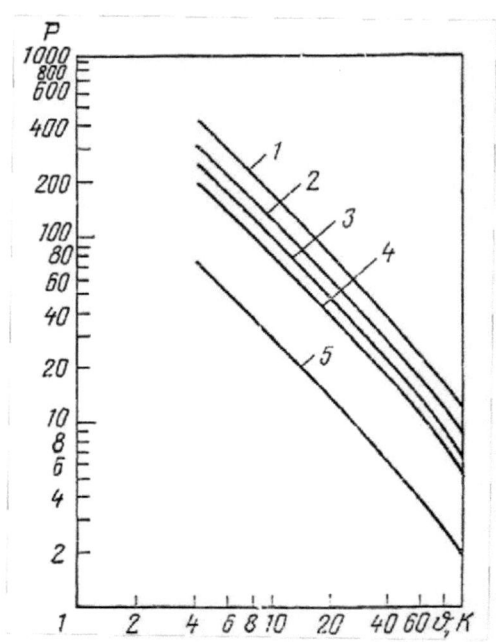

Рис. 1.4. Зависимость затрат мощности на отвод тепла P от температуры θ при различных холодопроизводительностях рефрижераторной установки: 1 – холодопроизводительность рефрижератора 1 кВт; 2 – то же 10 кВт; 3 – то же 100 кВт; 4 – то же 1000 кВт; 5 – в случае обеспечения идеального цикла Карно.

Хладоагент прокачивается через каналы в токопроводящей жиле (рис. 1.5) и возвращается через проложенные рядом с кабелем трубы или через каналы в токопроводящих жилах других (параллельных) кабелей.

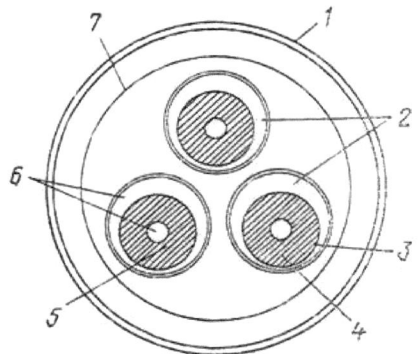

Рис. 1.5. Схематическое сечение сверхпроводящего кабеля: 1 – наружная вакуумная оболочка; 2 – каналы для гелия; 3 – наружный экран фазы кабеля; 4 – электрическая изоляция; 5 – фаза кабеля; 6 – жидкий гелий; 7 – радиационный экран.

В случае прокачки хладоагента, который находится в каком-либо одном состоянии (жидком или газообразном), перепад давления в трубопроводе при турбулентном потоке определяется по формуле

$$\Delta P = \frac{0,092 L \rho^{0,8} \eta^{0,2} \upsilon^{1,8}}{D^{1,2}}, \qquad (1.8)$$

где L–длина трубопровода;

ρ – плотность хладоагента;

υ – скорость хладоагента;

D – диаметр трубопровода или канала;

η –вязкость хладоагента.

Справедливо также соотношение

$$qL = G \frac{\pi D^2}{4} C_p \theta, \qquad (1.9)$$

где θ–превышение температуры;

C_p – удельная теплоёмкость;

q – общие потери на единицу длины;

G – масса потока.

Необходимая для перекачки хладоагента мощность Р равна:

$$P = \Delta p \frac{G\pi D^2}{4\rho},\qquad(1.10)$$

где Δp—перепад давления.

Перепад давления Δp пропорционален L^3, а тепловая нагрузка изменяется в зависимости от L. Общая тепловая нагрузка q представляет собой сумму, слагаемыми которой являются потери в токопроводящей жиле на переменном токе, теплота, обусловленная потерями в диэлектрике и теплота, выделяемая при турбулентном потоке хладоагента.

Исключить возможность выделения паров в жидком хладоагенте можно путём повышения давления. Для оценки рабочего диапазона хладоагента использую его диаграмму состояния зависимость давления от температуры; для жидкого азота такая характеристика приведена на рис. 1.6.

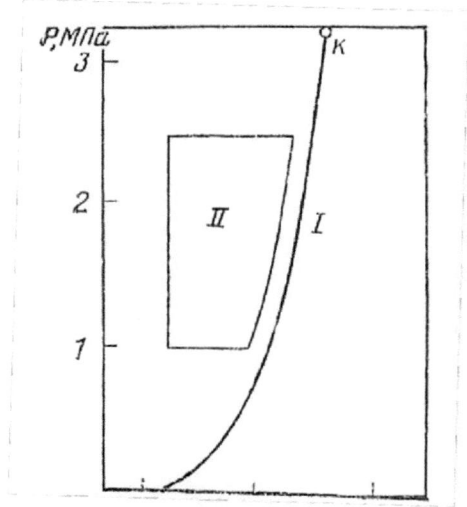

Рис. 1.6. Зависимость давления Р от
температуры θ для азота (жидкость – пар):
К – критическая точка (126,1 К; 3,35 МПа);
I – парообразное состояние; II – рабочее состояние.

Выбор характеристик кабеля иногда сводится к необходимости оценки допустимого перепада давления (между входом и выходом хладоагента) при допустимом превышении температур. В некоторых схемах циркуляции хладоагента для гибких кабелей ленточной изоляцией перепад температур между направленными в разные стороны потоками (т.е. между внутренними и наружными слоями изоляции) определяется тепловым сопротивлением изоляции.

В сверхпроводящих системах с изоляцией из синтетических лент, охлаждаемых гелием, удельная теплопроводность изоляции должна находиться в пределах $(4{,}6 \cdot 10^{-6} \div 9 \cdot 10^{-4})$ Вт/м·К.

1.4 Диэлектрики

Вакуум при плоских электродах имеет высокую электрическую прочность, но при наличии распорок в кольцевых зазорах электрическая прочность вакуума значительно падает. При низких температурах диэлектрические свойства вакуума повышаются, при этом сохраняются низкие значения диэлектрических потерь.

Криогенные жидкости обладают хорошими изоляционными свойствами, как сами по себе, так и в сочетании с пластмассовыми лентами. Жидкие азот и водород имеют более высокую электрическую прочность и более низкие потери (измеренные между электродами), чем у бумажно-масляного диэлектрика. У жидкого гелия эти характеристики несколько хуже, чем у жидкого азота, но он находит более широкое применение. Криогенные жидкости имеют также более низкое значение относительной диэлектрической проницаемости, чем пропитанная маслом бумага, а это снижает электрическую прочность системы. Примерные значения $tg\delta$ сравниваемых диэлектриков:

- $2 \cdot 10^{-7}$ – водород при температуре 14 К;
- $2 \cdot 10^{-6}$ – гелий при температуре 4,2 К;
- $2 \cdot 10^{-3}$ – пропитанная маслом бумага при 293 К;

Изоляционная конструкция, содержащая пропитанные жидким гелием пластмассовые ленты (рис. 1.7) имеет $tg\delta \leq 2 \cdot 10^{-5}$.

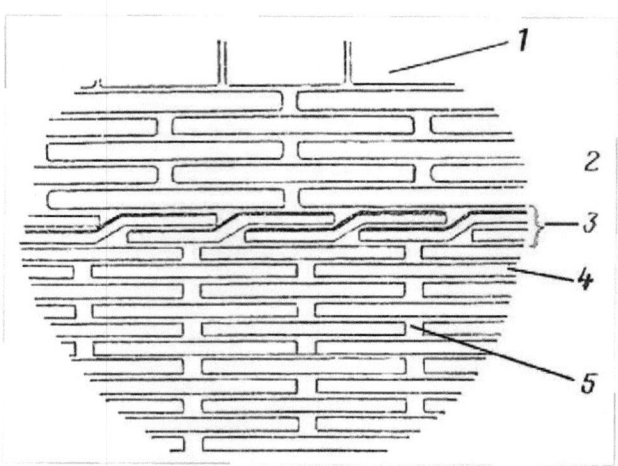

Рис. 1.7. Схематическое изображение разреза изоляции,
токопроводящей жилы и полупроводящих экранов:
1 – токопроводящая жила; 2 – токопроводящие ленты;
3 – металлизированные экранирующие ленты; 4 – слой изоляции;
5 – заполненные жидким гелием зазоры.

Вакуумные системы. При применении вакуумных систем используют жесткие конструкции с распорками. При этом на месте монтажа устанавливают большое количество соединительных муфт из-за того, что максимальная длина каждой секции не может превышать 20 м по транспортным соображениям. Преимуществом таких систем является то, что вакуум выполняет функции электрической и тепловой изоляции. Это приводит к значительному упрощению всей конструкции в целом. Диэлектрические потери вакуума очень малы, $\varepsilon_r = 1$.

При низких температурах степень вакуума повышается вследствие конденсации молекул на холодных металлических поверхностях, но в полномасштабных образцахглубокий вакуум достичь очень трудно из-за дегазации металла и утечек. Электрическая прочность вакуума зависит от многих факторов:

— от остаточного давления;

— расстояния между электродами и их площадью;

— материала электродов и степени их обработки;

— температуры и др.

Криогенные жидкости. Зависимость электрической прочности гелия от давления и температуры приведена на рис. 1.8. Повышение давления приводит к значительному увеличению электрической прочности (при давлении 1 МПа электрическая прочность на 70% выше, чем при давлении 0,1 МПа).

В кабельной конструкции электрическая прочность жидкого гелия (в присутствии распорок) на переменном напряжении составляет (7-10) МВ/м. Пробивное напряжение жидких гелия, азота и водорода приведены на рис. 1.9.

Пропитанная ленточная изоляция. Ленточная изоляция, которая широко применяется в традиционных кабельных конструкциях, обеспечивает кабелю хорошую гибкость и может накладываться на кабель практически любой строительной длины. Количество соединительных муфт у таких кабелей мало. При разработке изоляции, работающей при низких температурах необходимо знать те же характеристики, что и при разработке изоляции традиционных кабелей:

— электрическую прочность на переменном напряжении промышленной частоты;

— электрическую прочность при импульсах (коммутационных и грозовых);

— диэлектрическую проницаемость;

— напряжение начала частичных разрядов ($U_{н.ч.р.}$);

— стоимость.

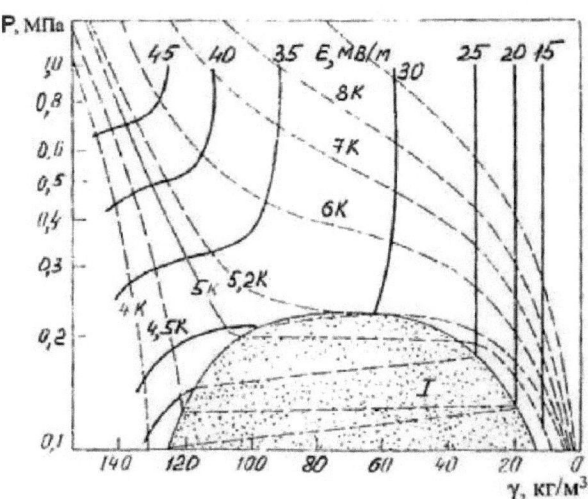

Рис. 1.8. Зависимость электрической прочности E гелия от
давления P и температуры при различной его прочности γ:
I– область двухфазного состояния гелия.

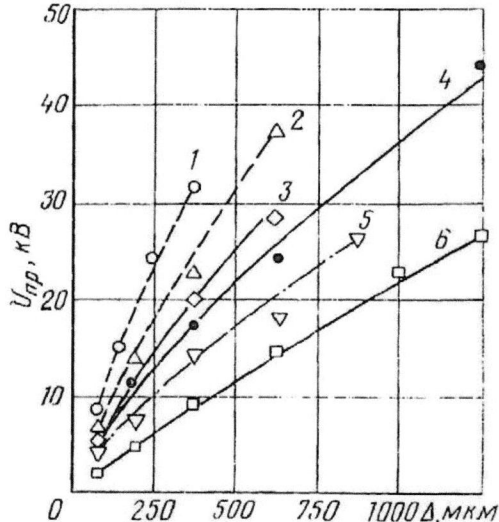

Рис. 1.9. Зависимость пробивного напряжения $U_{пр}$
криогенных жидкостей от расстояния между электродами Δ:
1 – водород при температуре 14 К; 2 – азот при 63 К; 3 – азот при 77 К;
4 – водород при 20 К; 5 – масло при 296 К; 6 – гелий при 4,2 К.

При низких температурах ленточный материал должен сохранять механическую целостность, кроме того, способность наматываться на токопроводящую жилу при температуре окружающей среды. Большие перепады температур приводят к значительным термическим усадкам материала, причём у различных материалов коэффициент термической усадки разный. Коэффициент термической усадки у полиэтилена в 10 раз больше, чем у материала токопроводящей жилы. Некоторые материалы, несмотря на отличные электрические характеристики, не могут быть применены для намотки на существующих намоточных машинах из-за плохих механических характеристик. Условные оценки характеристик ленточных материалов приведены в табл. 1.4.

Электрическая прочность пропитанных жидким азотом полимерных лент приведена на рис. 1.10 и 1.11.

Несмотря на то, что толщину изоляции часто определяют импульсные воздействия, большое влияние на выбор конструктивных параметров изоляции оказывает напряжение начала частичных разрядов ($U_{н.ч.р}$). Особое внимание необходимо уделять ЧР в зазорах пропитанной жидким азотом ленточной изоляции. Влияние напряжённости электрического поля на интенсивность ЧР показана на рис. 1.12.

Значения электрической прочности пропитанной жидким гелием ленточной изоляции приведены на рис. 1.13. Вследствие низкой электрической прочности гелия в газообразном состоянии $U_{н.ч.р}$ у такой изоляции невелико и максимальная рабочая напряжённость электрического поля при переменном напряжении изоляции из полиэтиленовых (высокой плотности) лент не превышает значения 10 МВ/м.

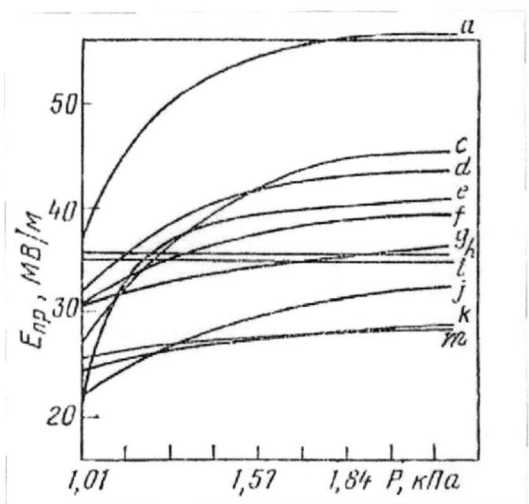

Рис. 1.10. Зависимость электрической прочности Е$_{пр}$пропитанных жидким азотом ленточных диэлектриков от давления Р: *a* – полипропиленбумага толщиной 102 мкм;*c* – материал марки мелинекс толщиной 36 мкм; d – номекс толщиной 104 мкм; *e* – номекс – найлон толщиной 170 мкм;f – бумага толщиной 123 мкм; g – FEPтолщиной 140 мкм;h – мелинекс толщиной 100 мкм; i–гофрированный поликарбонат толщиной 98 мкм; j– тивек толщиной 132 мкм; k– поликарбонат толщиной 158 мкм; m–тенакс толщиной 157 мкм.

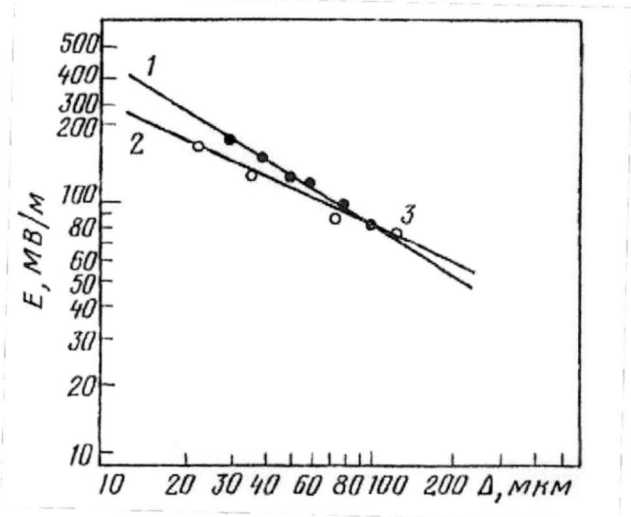

Рис. 1.11. Зависимость импульсной прочности Е пропитанной жидким азотом изоляции при различной толщине лент Δ (изоляция из шести лент, импульсное напряжение отрицательной полярности 1/50 мкс , давление азота 10^5 Н/м^2, температура 77,3 К): 1 – найлон; 2 – мелинекс; 3 – полиэтилен (толщиной 125 мкм).

Таблица 1.4

Условные оценки характеристик ленточных материалов

Наименование материала и его торговая марка	Диэлектрическая проницаемость	Диэлектрические потери	Удлинение	Прочность при разрыве	Модуль упругости	Стоимость
Полиэтилен низкой плотности	0	0	П	НП	НП	0
Полиэтилен высокой плотности	0	0	П	Х	П	0
Полиамид, найлон-11, рислан	Х	Х	Х	Х	П	Х
Полисульфон, удель	Х	Х	Х	Х	Х	Х
Полиимид, кептон Н	НП	НП	Х	0	0	НП
Полиимид - тефлон, кептон	Х	НП	0	Х	Х	НП
Полиэфир, майлар А	Х	НП	Х	0	0	0
Поликарбонат, макрофоль KG	П	П	0	0	0	Х

Примечание: 0 – отличная, Х – хорошая, П – плохая, НП – неприемлемая.

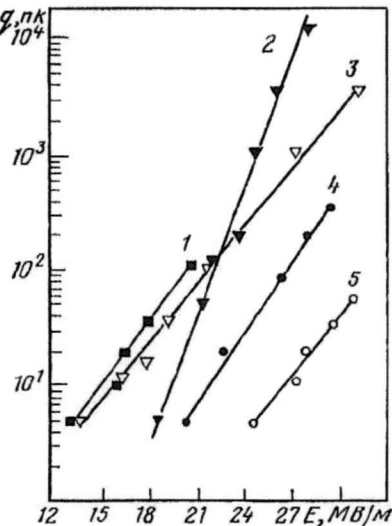

Рис. 1.12. Интенсивность ЧР q при различных напряжённостях электрического поля E (пропитанная жидким азотом ленточная изоляция): 1 – тенакс толщиной 157 мкм; 2 – полиэтилен толщиной 125 мкм; 3 – номекс толщиной 140 мкм; 4 – гофрированный поликарбонат толщиной 98 мкм; 5 – полипропиленбумага толщиной 102 мкм.

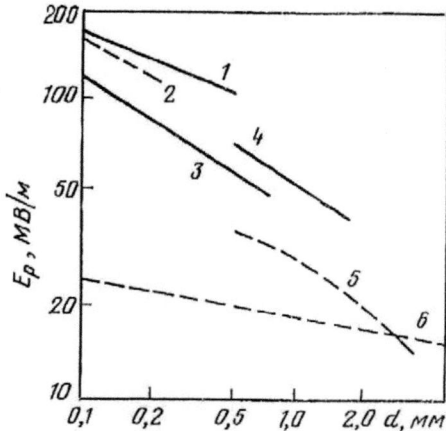

Рис. 1.13. Электрическая прочность E_p (амплитудные значения) диэлектриков при различной общей толщине изоляции d: 1 и 2 – полиэтилен низкой плотности и жидком гелии (постоянное напряжение); 3 – полиэтилен низкой плотности в жидком гелии (переменное напряжение); 4 – вакуум (переменное напряжение); 5 – целлюлозная бумага в жидком гелии (постоянное напряжение); 6 – тирек в жидком гелии (переменное напряжение); 1, 3 и 4 – по британским данным; 2, 5 и 6 – по данным фирмы «Сименс»

1.5 Конструкции криогенных кабелей

Различают следующие конструкции криогенных кабелей:

— жесткая, с изоляцией из гелия и распорками;

— гибкая, с ленточной изоляцией, пропитанной жидким гелием под давлением при температуре 5К и токопроводящей жилой из ниобия;

— гибкая, с ленточной изоляцией, пропитанной сверхкритическим гелием под давлением при температуре 9К и токопроводящей жилой из соединения ниобий-олово.

Эти конструкции можно использовать как для кабелей переменного, так и постоянного тока. На постоянном напряжении изоляция обладает более высокими электрическими характеристиками, а на переменном токе в сверхпроводнике существуют потери. Применение криогенных кабелей на постоянном напряжении является предпочтительным.

Ниобиевую токопроводящую жилу изготавливают в виде гладкостенной или гофрированной трубы. Можно также применить секторную токопроводящую жилу из проволок или лент. Для уменьшения стоимости кабеля используют общую криостатирующую оболочку, в которой размещаются три фазы. Применение гофрированной оболочки позволяет разместить ≈ 150 м кабеля на одном транспортном барабане. Значительные термические изменения линейных размеров элементов кабеля требуют создания специальных компенсационных муфт. Телескопическое соединение токопроводящих жил трудно осуществить из-за высокого и, отчасти, неустойчивого контактного сопротивления между неподвижной и подвижной частями жилы. Предпочтение в криогенных кабелях отдаётся дугообразным соединениям.

Токопроводящая жила из спирально намотанных проволок или лент.

При наложении проволоки или ленты с отрицательным углом намотки (рис. 1.14) справедливы следующие уравнения:

$$\begin{cases} b^2 = L^2 + (2\pi r)^2 \\ tg\,\alpha = \dfrac{2\pi r}{L}, \end{cases} \quad (1.11)$$

где b – действительная длина ленты.

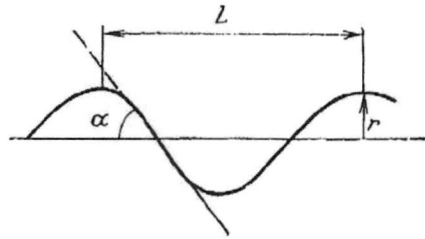

Рис. 1.14. Спирально намотанная проволока или лента

Изменение радиального размера определяется выражением

$$\Delta r = \frac{\Delta b - \Delta L cos^2 \alpha}{sin^2 \alpha},$$
(1.12)

В процессе охлаждения осевая усадка приводит к изменению диаметра токопроводящей жилы и на определённой длине можно оценить изменение угла α. При этом полагается, что проволока закреплена на концах и L–постоянная величина. При охлаждении изменяется параметр проволоки r, причём это изменение обусловлено не только усадкой самой проволоки, но и тем, что значения усадок токопроводящей жилы и диэлектрика различные. Коэффициент термической усадки металлов составляет 0,3%, а ленточной изоляции ≈ 3,0%.

Спиральная конструкция токопроводящей жилы приводит к возникновению осевого магнитного потока при протекании тока нагрузки по жиле. Это обуславливает наличие уравнительного тока в окружающем жилу экране. Наружный магнитный поток отсутствует вследствие того, что в обмотке или наружном экране течет ток, равный по величине и обратный по направлению тока в токопроводящей жиле.

Основные конструктивные требования.

Для изоляции в коаксиальной конструкции с жилой радиусом r и экраном по изоляции с радиусом R при напряжении на жиле равном U имеем:

$$R = r \cdot e^{\left(\frac{U}{r \cdot E}\right)},\qquad (1.13)$$

где E – максимальная рабочая напряжённость электрического поля у жилы, которая во всех случаях должна быть меньше пробивной.

Напряжённость магнитного поля H должна быть меньше критической $H_{кр}$ (H $< H_{кр}$) и определяется согласно выражению

$$H = \frac{I}{2\pi \cdot r},\qquad (1.14)$$

где I – ток в жиле.

Радиус жилы определяется по формуле

$$r = \frac{P}{2\pi \cdot H \cdot U},\qquad (1.15)$$

где P=U·I.

Оптимальная конструкция получается когда

$$U = \left(\frac{P \cdot E}{4\pi \cdot H}\right)^{0,5}; \qquad r = \frac{2U}{E}; \qquad R = r \cdot e^{\left(\frac{U}{r \cdot E}\right)},\qquad (1.16)$$

Потери в токопроводящей жиле несколько меньше значения 10 мкВт/см² при температуре 6 К и для трубчатой конструкции из ниобия $H_{кр} < 40$А/мм. Ленточные сверхпроводники имеют значительные потери у кромок, но при правильном конструировании токопроводящей жилы они превышают 20% общих потерь на переменном токе. Приток теплоты в кабель из окружающей среды $\approx$ в 2 – 3 раза превышает общие потери. Оптимальное расстояние между рефрижераторами должно быть около 10 км для жидкого гелия, а рабочее напряжение должно быть в 4 раза меньше, чем у традиционного кабеля при передаче такой же мощности. Для кабеля с ленточной изоляцией, пропитанной жидким гелием рабочее напряжение в 2 раза меньше, чем у традиционного кабеля. В случае использования сверхкритического гелия расстояние между рефрижераторными установками на КЛ может быть увеличено.

Криогенные кабели характеризуются низким реактивным сопротивлением и высокой нагрузочной способностью. При минимальной экономической длине 5 – 10 км можно сократить расходы на охлаждение и оконцевание. Высокая стоимость охладительного оборудования и концевых устройств делает невозможным применение сверхпроводящих кабелей на коротких участках для врезки в воздушную линию. В тех случаях, когда система электропередачи полностью располагается под землёй, использование сверхпроводящих кабелей может рассматриваться.

Криогенные кабели могут применяться:

-для вывода мощности от крупных источников энергии к основной системе передачи;

-для глубокого ввода энергии в большие города;

-для образования основы подземной системы электропередачи.

Применение в качестве сверхпроводника материала с критической температурой 23 К позволяет использовать в качестве хладоагента жидкий водород, электрическая прочность которого при температуре 15 К намного выше, чем у жидкого гелия. Кроме того водород дешевле гелия.

Максимальное внимание должно быть уделено надёжности криокабелей это связано с тем, что ремонт криокабелей намного более сложен, чем обычных. Кроме того, много времени в процессе ремонта уходит на то, чтобы привести токопроводящие элементы кабеля к температуре окружающей среды, а затем вновь охладить их.

2. Сверхпроводящие кабели

Высокотемпературные сверхпроводники (ВТСП) получены в 1987 году – семейство материалов (сверхпроводящей керамики) с общей структурной особенностью, относительно хорошо разделёнными медно – кислородными плоскостями. Их также называют сверхпроводниками на основе *купратов*. Температура сверхпроводящего перехода, которая может быть достигнута в некоторых составах в этом семействе, является самой высокой среди всех известных сверхпроводников. Нормальные (и сверхпроводящие) состояния показывают много общих особенностей между различными составами купратов; многие из этих свойств не могут быть объяснены в рамках теории БКШ. Последовательной теории сверхпроводимости в купратах в настоящее время не существует.

Важнейшей чертой открытия ВТСП можно назвать то, что сверхпроводимость была обнаружена не у традиционных интерметаллидов, органических или полимерных структур, а у оксидной керамики, обычно проявляющей *диэлектрические* или *полупроводящие* свойства. Это разрушило психологические барьеры и позволило в течение короткого времени создать новые, более совершенные поколения металлооксидных СП почти одновременно в США, Японии, Китае и России:

-1987 год, синтезируют, используя идею «химического сжатия» для модифицирования структуры, СП керамику из оксидов бария, иттрия и меди $YBa_2Cu_3O_{7-x}$ с критической температурой 98 К;

-1988 год, синтезируют серию соединений состава $Bi_2Sr_2Ca_{x-1}Cu_xO_{2x+4}$, среди которых фаза с х=3 имеет $T_{кр} = 108$ К и сверхпроводник $Tl_2Ba_2Ca_2Cu_3O_{10}$ с $T_{кр}= 125$ К;

-1993 год, открыли ряд ртутьсодержащих сверхпроводников состава $HgBa_2Ca_{x-1}Cu_xO_{2x+2+d}(x = 1÷6)$.

В настоящее время фаза $HgBa_2Ca_2Cu_3O_{8+d}$(Hg–1223) имеет наибольшее известное значение критической температуры (135 К), причём при внешнем давлении 350 тыс. атмосфер температура перехода возрастает до 164 К, что на

19 К уступает минимальной температуре, зарегистрированной в природных условиях на поверхности Земли.

Таким образом СП «химически эволюционировали», пройдя путь от металлической ртути (4,2 К) к ртутьсодержащим ВТСП (164 К).

Отдельно следует упомянуть направление, связанное с попытками синтеза «экологически безопасных» ВТСП, не содержащих тяжёлых металлов (Hg, Pb, Ba), получаемых под высоким давлением оксикупратных фаз кальция.

Органические сверхпроводники.

В конце 60 – х – начале 70 – х гг. XX века проводились работы по синтезу органических комплексов с переносом заряда (КПЗ). Несмотря на синтез ряда перспективных соединений, оказалось, что сверхпроводимость в этих комплексах неустойчива даже при небольших плотностях тока.

ВТСП имеют критическую температуру выше точки кипения азота. При работе сверхпроводникового устройства вблизи азотных температур оно становится более устойчивым к внешним воздействиям, а система криостатирования более простой и надёжной в эксплуатации. Важным фактором является также высокая электрическая прочность жидкого азота, это позволяет упростить конструкцию системы электроизоляции и сделать её пожаробезопасной. Высокотемпературные проводники могут использоваться и при более низких температурах. При этом их токонесущие характеристики существенно улучшаются.

2.1 Высокотемпературные провода

Среди ВТСП – проводов выделяют провода двух поколений.

Провода 1 – го поколения (1G) – это провода на основе серебряной матрицы с микроканалами, в которых находится сверхпроводящая керамика Bi-Sr-Ca-Cu-O (BSCCO). Технология их производства («порошок в трубе») достаточно хорошо развита, выпускаются сотни километров провода, которые идут на создание прототипов сверхпроводящего электротехнического оборудования – кабели, токоограничители, магниты.

Провода 1Gболее чем на 2/3 состоят из чистого серебра, что исключает снижение их стоимости. Кроме того, сверхпроводимость в BSCCOбыстро разрушается во внешнем магнитном поле. В настоящее время компания «Сумитомо» (Япония) активно разрабатывает и выпускает проводники первого поколения по специальной технологии. Промышленно выпускаемые проводники этой компании имеют значения критического тока – порядка 200 А на ленту, а по конструктивной плотности тока даже превосходит проводники второго поколения.

Сверхпроводники второго поколения (2G) на основе Y-Ba-Cu-O (YBCO), часто именуемые «лентами с покрытиями», являются перспективным направлением развития технологической сверхпроводимости.

Основное преимущество всех высокотемпературных сверхпроводников заключается в том, что высокая критическая температура снижает требования к криогенной системе. В результате имеется большой запас по температуре и, как следствие, более высокая стабильность, которая обусловлена также более высокой удельной теплоёмкостью при температуре жидкого азота.

Кроме того, для большинства высокотемпературных сверхпроводников характерно высокое критическое поле (рис. 2.1.).

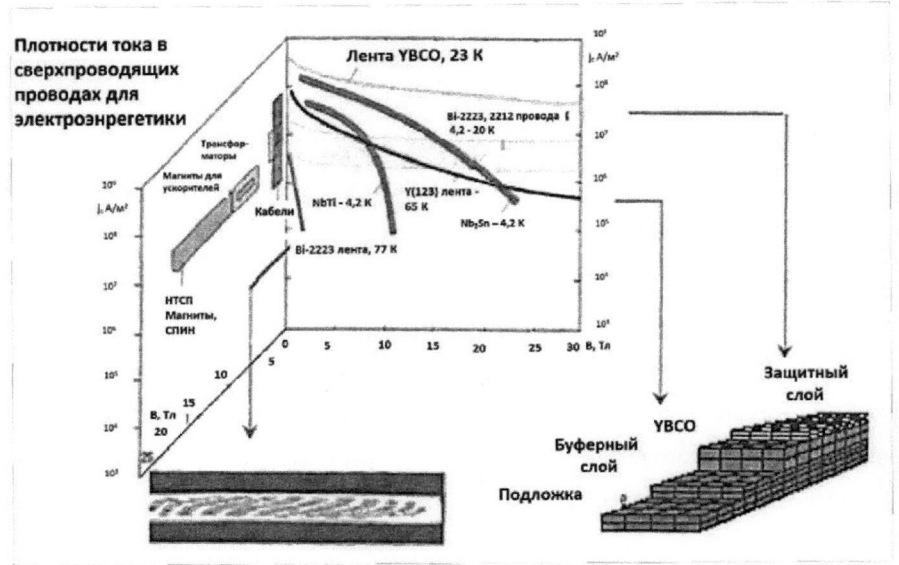

Рис. 2.1. Критические параметры двух основных типов высокотемпературных сверхпроводников: слева – первое поколение (порошок в трубе); справа – второе поколение (плёнки с покрытием).

Высокотемпературные сверхпроводники промышленно выпускаются в основном в виде лент. Поэтому для увеличения токонесущей способности базовые проводники объединяются в различные комбинации. При создании силовых кабелей объединяют несколько десятков исходных сверхпроводящих лент и при этом необходимо обеспечить их равномерную загрузку током.

2.2 Сверхпроводящие силовые кабели

Преобладающим магнитным полем в силовых кабелях является поле, параллельное поверхности ленты. При этом зависимость критического тока в параллельном поле более важна для кабелей, чем зависимость в перпендикулярном поле. Падение критического тока в параллельном поле в проводниках второго поколения более быстрое, чем в проводниках первого поколения. Поэтому применение проводников второго поколения для силовых кабелей пока не является более оптимальным, чем использование проводников первого поколения компании «Сумитомо». Следует также отметить, что потери энергии на переменном токе у проводников второго поколения ниже.

Важным вопросом использования сверхпроводников в силовых кабелях является их цена. Так как проводники первого поколения имеют высокие характеристики по критическому току в параллельном поле, кабели на их основе при мощностях передачи энергии порядка нескольких сотен МВА могут быть уже в настоящее время конкурентоспособными с обычными кабелями. При дальнейшем снижении цен сверхпроводящие силовые кабели становятся конкурентоспособными с обычными при уровнях мощности в несколько десятков МВА.

Сверхпроводящий силовой кабель на токи в несколько килоампер должен состоять из десятков исходных сверхпроводящих лент. Оптимальное комбинирование сверхпроводящих лент является сложной электрофизической, механической и криогенной задачей. Базовые принципы создания ВТСП – кабелей должны учитывать следующие противоречивые условия:

- механические: гибкость и сохранение сверхпроводящих свойств во время производства, транспортировки и монтажа, что накладывает ограничения на размеры и шаги скрутки;

- электродинамические: снижение вихревых потерь энергии – нулевой аксиальный магнитный поток и нулевое магнитное поле на каркасе (формере);

- криогенные: термокомпенсация при охлаждении;

- экономические: создание однородного распределения тока по повивам для уменьшения расхода сверхпроводника.

Жила кабеля имеет спиральную структуру и выполняется в виде Nповивов из плоских сверхпроводящих элементов на сердечнике заданного диаметра. При этом должны быть обеспечены следующие условия.

<u>Гибкость кабеля</u>. Обеспечивается спиральной структурой проводников и электрической изоляции, критерием является условие:

$$S_i = \frac{2C_i}{2a} \geq \frac{D_i}{D_{min}}, \qquad (2.1)$$

где $S_i=0{,}03 - 0{,}05$, относительный азимутальный зазор между ленточными элементами кабеля, $2C_i$– величина зазора между лентами, $2a$ – ширина ленты; D_i – диаметр i–гоповива проводника; D_{min}–минимальный диаметр изгиба кабеля на барабане, в траншее или тоннеле.

Условие сохранения сверхпроводящих свойств токонесущих элементов:
- при изгибе лент вокруг сердечника при изготовлении кабеля (при скрутке) без учёта усилия натяжения ленты:

$$\varepsilon_{min} \geq \frac{2\delta}{D_i} \cdot sin\beta_i, \qquad (2.2a)$$

- при изгибе кабеля на барабане или в траншее:

$$\varepsilon_{max} \geq \frac{2\pi\delta}{P_{max}} \cdot cos\beta_{min} + \frac{P_{max}}{\pi D_{min}} \cdot sin\beta_{min}, \qquad (2.2б)$$

где ε_{max} – максимально допустимая относительная деформация растяжения сверхпроводника; P_{max}–шаг скрутки лент в повиве; δ – толщина ленты по сверхпроводнику; β – угол скрутки лент в рассматриваемом повиве; D_i – диаметр i–гоповивапроводника; D_{min}–минимальный диаметр изгиба кабеля на барабане, в траншее или тоннеле.

Уравнение (2.2а) определяет минимальный шаг скрутки ленты в повиве, а уравнение (2.2б) максимальный шаг. Для сверхпроводящих ленточных проводников допустимое значение $\varepsilon_{max}=0{,}002 - 0{,}004$. Если условие (2.1) выполняется, то максимальное значение шага скрутки лент P_{max} ограничено техническими возможностями кабельного оборудования и необходимостью сохранить ленты в слоях от разрушения при намотке кабеля на барабан.

Минимизация потерь на вихревые токи в опорном элементе и стабилизаторе внутреннего проводника. Обеспечивается при нулевой индукции аксиального результирующего магнитного поля на оси кабеля:

$$B_i = \mu_0 \sum_{i=1}^{N_1+N_2} \frac{I_i}{\gamma_i \cdot P_i} = 0 \qquad (2.3)$$

где B_i – индукция аксиального магнитного поля для i- го повива; N_1 и N_2 – число повивов лент во внутреннем и наружном проводниках каждой фазы; P_i – шаг скрутки лент в i – ом повиве; I_i–ток в i–ом повиве; γ_i– направление скрутки, γ_i=1 – правая скрутка, γ_i=-1 – левая скрутка.

Минимизация потерь на вихревые токи в стабилизаторе наружного проводника и криостатирующих оболочках. Обеспечивается при нулевом суммарном аксиальном магнитном потоке:

$$\mu_0 \sum_{i=1}^{N_1+N_2} \frac{I_i}{\gamma_i \cdot P_i} \cdot \int dA = 0 \qquad (2.4)$$

где dA – элемент поверхностей.

Многоэлементная термокомпенсация элементов кабеля при его термоциклировании. Обеспечивается автоматически, если угол β, под которым наложен рассматриваемый повив связан с температурными коэффициентами сжатия лент α_L и несущей сердцевины α_rсоотношением:

$$\beta = arcsin(\frac{\alpha_L}{\alpha_r})^{1/2}, \qquad (2.5)$$

Обеспечение максимальной тоонесущей способности жилы кабеля. Оно реализуется при равномерном распределении тока между повивами, то есть при 100% – м использовании поперечного сечения сверхпроводника:

$$K = I_{кр} \cdot (\sum_{i=1}^{N} n_i \cdot i_i)^{-1} \to 1 \qquad (2.6)$$

где К – коэффициент использования сверхпроводника; n_i – число лент в повиве; i_i–критический ток в ленте; $I_{кр}$ – критический ток в проводнике.

Условия (2.2 – 2.6) выполнить одновременно невозможно. Поэтому в жиле кабеля на переменном токе возникают дополнительные потери электроэнергии.

Главная цель при конструировании сверхпроводящего кабеля – достижение равномерного распределения тока между повивами и полного использования сверхпроводящих свойств лент в повивах.

2.3 Конструкции сверхпроводящих кабелей

По конструкции сверхпроводящие кабели выполняются коаксиальными (рис 2.2). Внутренний проводник изготавливается из ниобия, внешний из свинца, а изоляция из фторопласта. Сверхпроводящий кабель помещается в трубопровод из нержавеющей стали, меди или алюминия с теплоизолирующими покрытием. По трубопроводу прокачивается хладоагент – жидкий или газообразный азот, водород или гелий, создающий нужную низкую температуру. Для обеспечения прокачки хладоагента через каждые 10 – 20 км сверхпроводящего кабеля устанавливаются криогенные станции.

Ведутся работы по созданию комбинированных сверхпроводящих кабелей для линий электропередачи и электросвязи, что позволит сократить расходы на строительство магистралей. Основное достоинство сверхпроводящего кабеля состоит в малом затухании передаваемых по нему сигналов. Затухание в сверхпроводящем кабеле по сравнению с обычным меньше в 10^8 раз при частоте 1 кГц, в 10^6 раз при 1 МГц и 10^4 раз при 1 ГГц.

Это позволяет организовывать передачу сигналов электросвязи на большие расстояния без промежуточного усиления. Высоко и свойство защищенности от внешних помех. К недостаткам сверхпроводящего кабеля можно отнести:

— необходимость иметь криогенные станции, стоимость которых высока;

— затраты на сооружение сверхпроводящей линии электропередачи значительно превышают затраты на обычные кабельные линии.

Различают два типа ВТСП – кабелей: с теплым и холодным диэлектриком.

В кабеле с холодным диэлектриком элемент кабеля окружен коаксиальным сверхпроводящим слоем, предназначенным для экранировки магнитного поля. Диэлектрик, «пропитанный» жидким азотом, располагается между токопроводящей жилой (из ВТСП – материала) и внешним экранирующим слоем. При такой конструкции устраняются потери на переменном токе, вызванные воздействие магнитного поля, создаваемого токами в соседних фазах, а также вихревыми токами, наведенными в металлических частях соседнего оборудования.

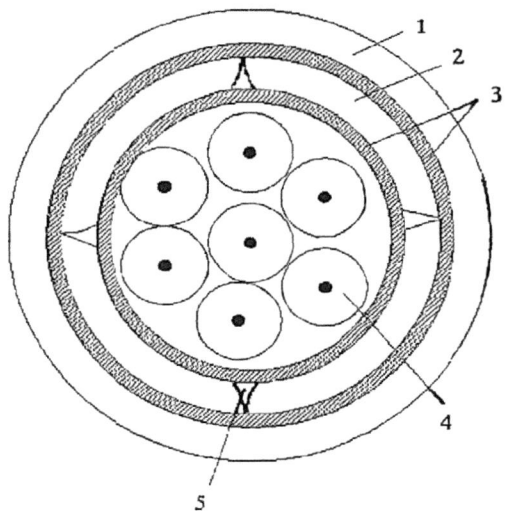

Рис. 2.2. Конструкция сверхпроводящего кабеля:
1 – пластмассовая оболочка; 2 – гелиевое заполнение; 3 – стальные трубы; 4 – коаксиальные пары; 5 – держатели.

В кабелях с тёплым диэлектриком (рис. 2.3) отсутствует такой сверхпроводящий слой. Эта конструкция требует меньшего расхода сверхпроводящего материала, применяются обычные изоляционные материалы и стоимость этих кабелей существенно ниже. Поскольку кабель с теплым диэлектриком конструктивно сходен с обычным кабелем, то при его изготовлении, монтаже и соединении можно использовать проверенные технологии. Но при этом ВТСП – кабель с теплым диэлектриком по технологическим характеристикам уступает ВТСП – кабелю с холодным диэлектриком.

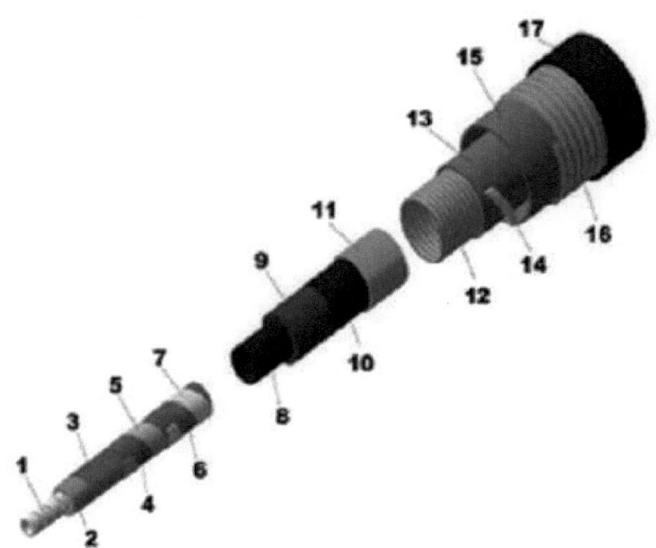

Рис. 2.3. Конструкция ВТСП кабеля с тёплым диэлектриком.
1, 2, 3 – центральный несущий элемент – формер; 4, 5, 6, 7 –
сверхпроводящий токонесущий слой – два повива; 8, 9, 10 –
изоляция; 11 – экран; 12, 13, 14, 15 – криостат: внутренняя
гофрированная труба и тепловая изоляция; 16, 17 – внешняя
гофрированная труба и защитная оболочка.

2.3.1 Конструкция ВТСП кабеля на 66 кВ/5 кА

При создании трехфазного кабеля на 66 кВ/5 кА использовалась ВТСП
лента 2-го поколения производства SumitomoElectric, состоящая из текстурированной металлической подложки толщиной 120 мкм, буферных слоев Се-
O_2/YSZ/CeO_2 (0,5 мкм) и сверхпроводящего слоя $GdBa_2Cu_3O_x$ (2-3 мкм), полу-
ченного методом импульсного лазерного осаждения (PLD). Все ленты покры-
вались слоем серебра толщиной 8 мкм (магнетронное распыление на постоянном токе) и 20-микронном слоем меди (гальваническое осаждение). Вместо
традиционной текстурированной подложки из никелевого сплава была разработана плакированная подложка (clad – typesubstrate), состоящая из немагнитного
металла с тонкой текстурированной металлической пленкой на поверхности.
Потери на перемагничивание в такой подложке в 25 раз меньше, чем в подлож-

ке из никелевого сплава. Основные параметры ВТСП кабеля приведены в табл. 2.1

Таблица 2.1

Основные технические характеристики ВТСП кабеля на 66 кВ/5 кА

Передаваемая мощность	570 МВт
Конструкция	Три фазы в общем гибком криостате с токовводными муфтами
Формер	Медная скрутка сечением 140 мм^2
Сверхпроводящий слой	4 повива по 45 ВТСП лент 2-го поколения шириной 4 мм (кроме внешнего повива из 27 лент шириной 2 мм)
Сверхпроводящий экран	2 повива по 50 ВТСП лент 2-го поколения шириной 4 мм
Медный стабилизатор экрана	Медная скрутка сечением 100 мм^2
Электрическая изоляция	Полипропиленовая бумага, 6 мм
Потери на переменном токе	2,1 Вт/м (5 кА)
Допустимая перегрузка по току при КЗ	31,5 кА, 2 сек

Три фазы ВТСП кабеля размещены в общем гибком криостате (рис 2.4). Каждая фаза состоит из медного формера, основного сверхпроводящего слоя, электрической изоляции и сверхпроводящего экрана с медным стабилизатором поверх него. Потери на переменном токе в сверхпроводящем слое могут быть уменьшены путем сокращения зазоров между проводниками или устранением областей падения критической плотности тока на краях ВТСП лент. В многослойных кабелях потери можно значительно снизить, наматывая ленты как можно ближе к идеальной окружности (в плоскости сечения кабеля). Этот эффект особенно заметен для внешнего повива сверхпроводящего слоя, так как его вклад в общую величину потерь на переменном токе преобладающий. На рис. 2.5 показана зависимость потерь на переменном токе в одной из фаз кабеля в зависимости от тока через нее. При токе 5 кА потери в одной фазе кабеля составляют 1,5 Вт/м, из них 0,1 Вт/м составляют потери в диэлектрике.

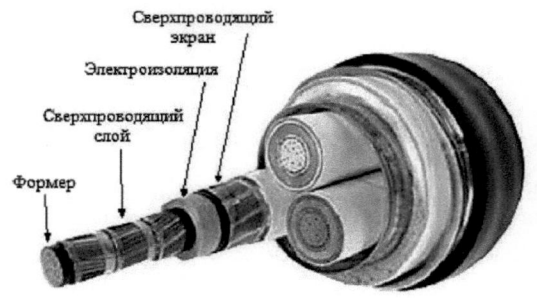

Рис. 2.4. Трёхфазный ВТСП кабель на 66 кВ/5 кА.

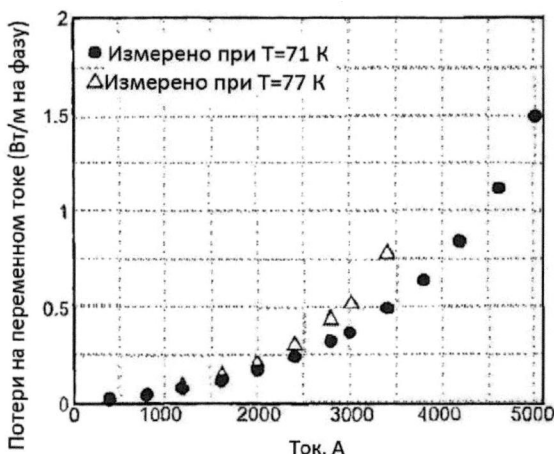

Рис. 2.5. Зависимость потерь на переменном токе от транс-
портного тока для одной из фаз ВТСП кабеля на 66 кВ/ 5кА.

Критические токи для сверхпроводящего слоя и экрана, составили 8100 А
и 6200 А, соответственно.

2.3.2 Конструкция однофазного ВТСП кабеля на 275 кВ/3 кА

При создании кабеля использовалась ВТСП лента следующей структуры:
Cu (25 мкм)/Ag (30 мкм) / YBCO(1,5 мкм) / CeO_2 (1,0 мкм) / GZOили MgO (1,0
мкм) / Хастеллой (100 мкм).

Осаждение буферных слоев с ассистирующим ионным пучком (технология IBAD) было выполнено компаниями Fujikurau ISTEC – SRL, далее компаниями SWCC ShowaCableSystems и ISTEC – SRL (SuperconductivityResearchLab) методом химического осаждения из раствора трифлюорацетатов был осажден сверхпроводящий слой оксида иттрия, бария и меди (YBCO). Гальваническое покрытие медью производилось компанией Furukawa. Так как величина потерь на переменном токе зависит от краевых эффектов, исходные ВТСП ленты шириной 5 мм с помощью лазера обрезались с обеих сторон до ширины 3 мм, что обеспечивает уменьшение потерь на переменном токе в кабеле в 5-10 раз до величины 0,235 Вт/м при 3 кА. Дальнейшей оптимизацией радиуса скрутки и увеличения числа сверхпроводящих лент удалось снизить потери до величины 0,124 Вт/м.

Сверхпроводящий экран наматывается в один слой, однако благодаря большему диаметру намотки, количество используемого сверхпроводника больше, чем в основном сверхпроводящем слое. В экранирующем слое наводится ток, компенсирующий магнитное поле проводящего слоя. Так как при каблировании использовалась лента шириной 5 мм с пониженным критическим током на краях, то величина потерь на переменном токе в экране от потерь в сверхпроводящем слое составила около 60% вместо ожидаемой от 1/4 до 1/3. Внешний вид кабеля показан на рис. 2.6.

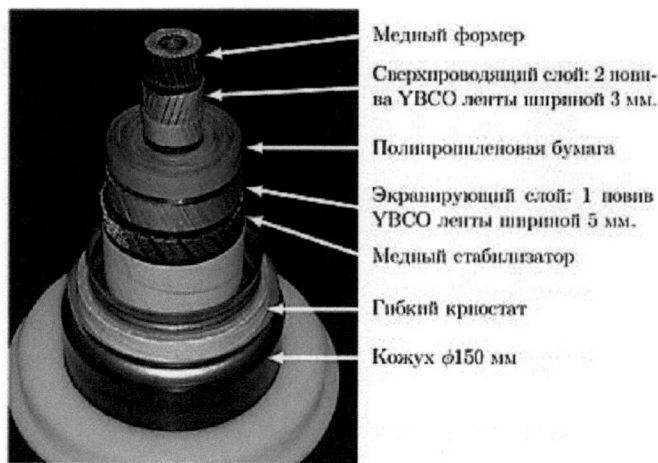

Рис. 2.6. Однофазный ВТСП кабель на 275 кВ/3 кА.

В рабочих условиях ток протекает через сверхпроводящие слои кабеля, а в случае перехода в нормальное состояние – через медные формер и стабилизатор. Выбор поперечного медного формера и стабилизатора определяется из баланса между допустимым разогревом и компактностью кабеля. Испытания ВТСП кабеля на короткое замыкание происходили при токе 63 кА, длительность импульса тока составила 0,6 с.

Рис.2.7. Испытания однофазного ВТСП кабеля на 275 кВ/ 3кА.

Электрическая изоляция ВТСП кабеля выполнена из полипропиленовой бумаги (полипропиленовая пленка, ламинированная с обеих сторон крафт-бумагой). Доля полипропилена в изоляции увеличена на (40-60) % по сравнению с ВТСП кабелем на 66 кВ / 5 кА, это позволило снизить диэлектрические потери при номинальном токе 3 кА с 0,8 Вт/м до 0,6 Вт/м.

Высоковольтные испытания ВТСП кабеля проводились на основе международного стандарта IEC– 62067 и японского стандарта JEC–3408. Измерение частичных разрядов производилось при напряжении 310 кВ, а при испытании грозовым импульсом – 1155 кВ. Высоковольтные производились на коротких тестовых образцах с толщиной электрической изоляции 1 мм, 10 мм и 20 мм. Испытания при измерении частичных разрядов позволили определить напря-жённость электрического поля, при которой вероятность возникновения разряда достигает 0,1 %, она составила 22 кВ/мм. Расчетная напряженность электрического поля для пробоя изоляции составила 83 кВ/мм, а толщина изоляции ВТСП кабеля, с учетом этих данных, была выбрана 22 мм.

Для испытаний в условиях, имитирующих работу в электросети, 30-метровый опытный образец однофазного ВТСП кабеля был оснащен токовводными муфтами и отправлен в отделение Furukawa в Шэньяне (Китай). После подготовки тестовой площадки (рис. 2.7), включавшей установку высоковольтного трансформатора и трех XLPEкабелей на 275 кВ / 3 кА, ВТСП кабель был подключен к системе. Измеренные критические токи сверхпроводящего слоя (6800 А) и экрана (7000 А) показало отсутствие деградации критических свойств при транспортировке и монтаже. Результаты высоковольтных испытаний при измерении частичных разрядов при напряжении 310 кВ, проведенные после нагрузочных испытаний ВТСП кабеля показали, что интенсивность частичных разрядов была нулевой. Это соответствует расчетному сроку службы изоляции кабеля в 30 лет.

2.3.3 Конструкция ВТСП кабеля постоянного тока на ±10 кВ/3 кА университета Чубу (Япония)

ВТСП кабель постоянного тока имеет внешний диаметр 35 мм, его жилы «+» и «-» распложены коаксиально на общем медном формере диаметром 14 мм, и изолированы от него и друг от друга двумя слоями изоляции, рассчитанной на напряжение ±10 кВ (рис. 2.8). Также в кабеле имеется внешний заземленный медный экран. Использована ВТСП лента на основе Bi-2223 ($Bi_2Sr_2Ca_2Cu_3O_{10}$) производства Sumitomoсечением 4,0х3,0 мм, и критическим током 160 А при 77 К.

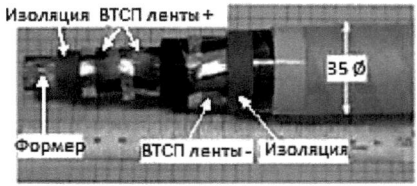

200 м коаксиальный кабель
Внутренний (2 слой) = 23 ленты
Наружный (1 слой) = 16 лент
Изоляция = ± 10 кВ
Ток = 2 кА @78К
Медный формер = 14 Ø

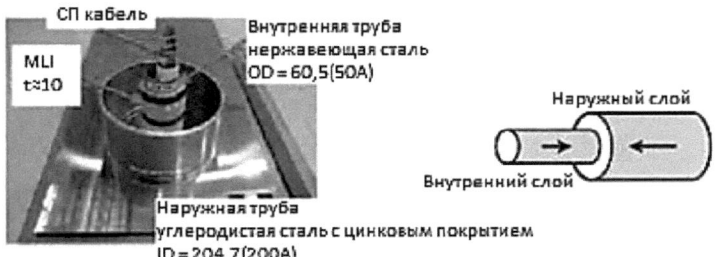

Рис. 2.8. Конструкция 200 м биполярного кабеля Чубу на 2 кА/ ±10 кВ, постоянный ток.

Внутренняя жила «+» состоит из 23 лент, намотанных в 2 слоя (11 в одном и 12 в другом), а внешняя жила «-» – из 16 лент, намотанных в 1 слой. Каблирование также было выполнено компанией Sumitomo. Число лент в жилах «+» и «-» подобрано таким образом, чтобы магнитное поле вне кабеля отсутствовало. Этот прием ведет к перерасходу сверхпроводника (токонесущая способность ВТСП определяется слоем с меньшим числом лент), но при этом исчезает необходимость магнитного экранирования кабеля железом или в отсутствие поля критические свойства ВТСП лент не ухудшаются.

Терминалы ВТСП кабельной линии расположены в помещении, а основная часть кабеля проложена вне помещения петлей. Стенд оборудован одним насосом, обеспечивающим скорость прокачки в (93-160) г/с. Азот охлаждается криокулером Стирлинга мощностью в 1 кВт. Токовводы, в которых каждая ВТСП лента имеет отдельное соединение с токовводом, оснащены модулями Пельтье, снижающими теплоприток в холодную зону и не позволяющими верхней части токоввода обмерзать. Главное отличие ВТСП кабелей постоянного тока Чубу – не гофрированный, а жесткий криостат с гладкой внутренней поверхностью (внешняя стенка выполнена из оцинкованной углеродистой стали диаметром 260 мм, внутренняя – из нержавеющей стали диаметром 57 мм. Черная сталь для внешнего криостата используется из-за ее меньшей цены в сочетании с высокой прочностью (коррозийная стойкость обеспечивается цинковым покрытием) и хорошими вакуумироваными свойствами при комнатной температуре. Внутренняя труба криостата обернута экранновакуумной изоляцией. Использование экранновакуумной изоляции позволяет сократить теплоприток до приемлемого уровня (1-3) Вт/м. Теплоприток на единицу длины криостата является определяющим на больших длинах, для экспериментальных коротких линий начинает играть роль теплоприток от токовводов. Внутренний диаметр криостата – величина, подлежащая оптимизации с точки зрения минимизации теплопритока и расхода хладогента он должен быть минимальным (но достаточным для перепада температур на длине кабеля в безопасных пределах), а с точки зрения гидравлического сопротивления канала – максимален.

Для ВТСП кабеля длиной 10 км в жестком криостате с сильфонными вставками с теплопритоком по длине в 1 Вт/м для поддержания температуры в пределах (75-85) К по оценкам разработчиков потребуется расход хладагента примерно в 19 л/мин и работа двух циркуляционных насосов. При этом перепад давлений на ВТСП кабельной линии составит 0,23 атм – что очень мало по сравнению с гофрированными каналами криостатов гибких ВТСП кабелей.

Таким образом, жесткий криостат с гладкой внутренней поверхностью и с сильфонными вставками не уступает общепринятым гибким гофрированным криостатам, но и позволяет снять целый ряд ограничений на больших длинах кабельных линий.

3. Создание силового сверхпроводящего кабеля на базе ВТСП технологий в России

С 2005 г. по инициативе ОАО «РАО ЕЭС России» были начаты работы по разработке и внедрению сверхпроводящих силовых кабелей на высокотемпературных сверхпроводниках в России и проект по кабельной линии длиной 200 м. и мощностью 50 МВА.

Работы велись по заказам ОАО «РАО ЕЭС России» и ФСК ЕЭС и выполнялись ОАО «ВНИИКП» и ОАО «НТЦ Электроэнергетики». Эти работы создали необходимую базу для успешного выполнения проекта по созданию кабельной линии длиной 200 м. Перед началом разработки кабеля длиной 200 м. был разработан, создан и испытан первый в России силовой трехфазный ВТСП кабель длиной 30 м. Кабель 3х30 м. успешно прошел полный цикл испытаний с июня 2008 г. по июнь 2009 г., включая долговременную работу с перегрузкой и испытания на короткое замыкание.

Базовые технологии ВТСП кабелей.

В ходе выполнения проекта ВТСП силового кабеля 200 м. в ОАО «ВНИИКП» был создан комплекс базовых технологий производства силовых ВТСП кабельных линий для распределительных сетей, позволяющий прейти к промышленному производству ВТСП кабельных линий любой требуемой длины с предаваемой мощностью до 0,5÷1 ГВА и напряжением до 110 кВ.

Комплекс технологий изготовления силовых ВТСП кабелей включает в себя:

— методы расчета, оптимизации и конструирования ВТСП кабелей любого типа;

— технологию изготовления центрального несущего элемента – формера;

— технологию укладки повивов кабеля и экрана с предварительно рассчитанными, строго заданными шагами и направлениями скрутки, с сохранением сверхпроводящих свойств исходных лент;

– технологию наложения промежуточных слоев между формером, повивами и изоляцией;
– технологию наложения высоковольтной изоляции;
– технологию наложения защитного экрана;
– технологию сборки кабеля с криостатом;
– технологию изготовления силовых вводов для обеспечения сопряжения ВТСП кабеля с существующей электрической сетью;
– технологию прокладки ВТСП кабельной линии;
– технологию сборки кабеля с токовыми вводами.

Сверхпроводящий силовой кабель.

В ОАО «ВНИИКП» был разработан и изготовлен ВТСП кабель (рис 2.9). Кабель представляет собой сложную многослойную конструкцию. Центральный несущий элемент – формер – представляет собой спираль из нержавеющей стали, окруженную пучком проводов из меди и нержавеющей стали, обмотанных медной лентой он принимает на себя механические нагрузки и формирует основу для укладки сверхпроводящих повивов. Поверх формера уложены два повива сверхпроводящих лент. От углов укладки, точности выдержанности диаметров повивов по длине кабеля зависит соответствие кабеля заданным характеристикам. Технологические процессы очень сложны, так как сверхпроводящая лента не переносит значительных механических нагрузок и изломов. Поверх повивов накладывается высоковольтная изоляция, эта технологическая операция выполнялась на заводе «Камский кабель» (г. Пермь).Наложении сверхпроводящего экрана производилось на технической базе ОАО «ВНИИКП». Поверх сверхпроводящего экрана уложены повивы гибких медных лент, обмотанных лентой из нержавеющей стали. Каждая жила кабеля затягивается в свой собственный гибкий криостат длиной 200 м., распрямляемый на сжатие, снабжается токовыми вводами с высоковольтной заделкой изоляции.

Криогенные токовые вводы.

В МАИ им.Орджоникидзе и ОАО «ВНИИКП» была разработана конструкция высокоэффективных токовых вводов, которые были изготовлены в МАИ. ОАО «ВНИИКП» поставило токоведущие элементы, узлы стыковки кабеля и экрана с токовыми вводами и штыковые разъемы для соединения с криостатами кабеля. Особенностью технологии токовых вводов является соединение сверхпроводящих экранов на азотном уровне с использованием сверхпроводящих вставок и высоковольтные изоляторы с отбойниками жидкого азота (рис. 2.10).

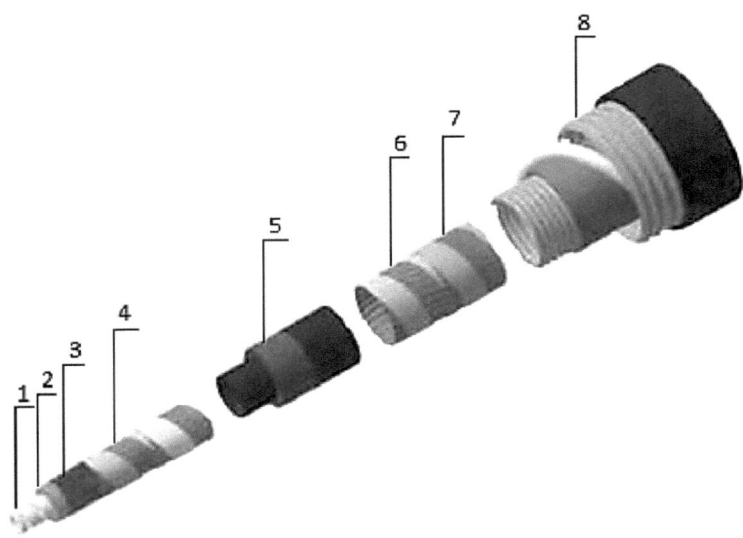

Рис. 3.1. Сверхпроводящий силовой кабель: 1, 2, 3 – формер; 4 – повивы ВТСП лент; 5 – изоляция; 6 – сверхпроводящий экран; 7 – защитный экран; 8 – гибкий криостат.

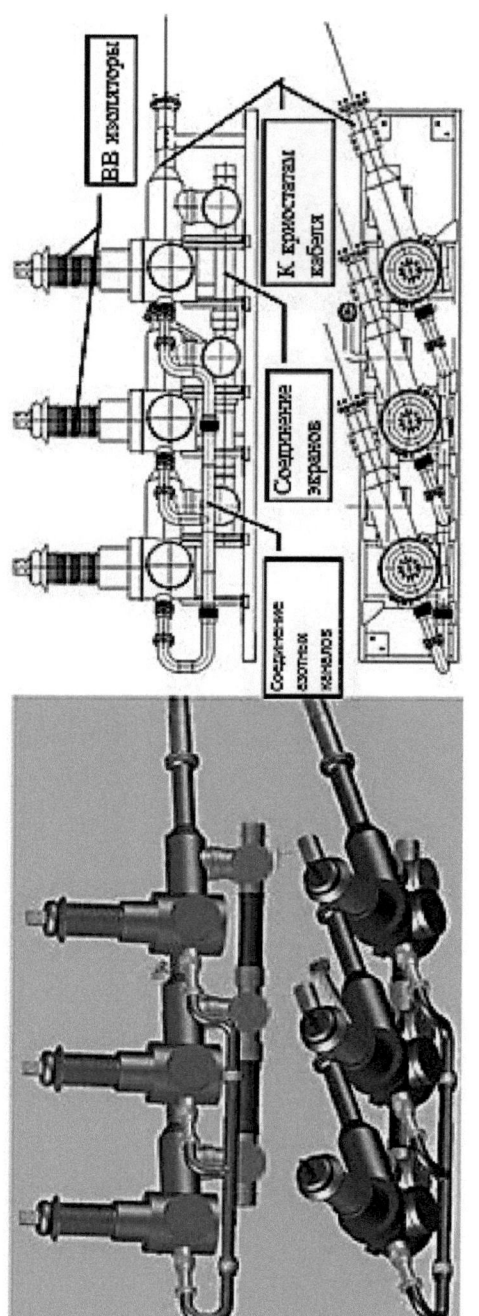

Рис. 3.2. Токовые вводы (концевые криогенные муфты).

ВВ изоляторы

К криостатам кабеля

Соединение экранов

Соединение азотных каналов

50

Испытательный полигон.

В ОАО «НТЦ Электроэнергетики» создан полигон для испытаний сверхпроводникового электроэнергетического оборудования, который позволяет производить испытания силовых ВТСП кабельных линий напряжением до 110 кВ и токами до 3 кА под нагрузкой и в различных аварийных режимах. В сентябре 2009 г. кабельная линия была полностью подготовлена к испытаниям.

Захолаживание кабельной линии производилось из азотной емкости, со сбросом в атмосферу газообразного азота в течении ~ 30 часов.

Диапазон рабочих температур (66-78) К и их необходимо поддерживать во всем кабеле. Такой диапазон обусловлен необходимостью обеспечения циркуляции жидкого азота для поддержания в системе сверхпроводящих свойств и обеспечения свойств высоковольтной изоляции. Для поддержания высоковольтных свойств криогенной кабельной изоляции необходимо поддерживать пропитывающий изоляцию кабеля азот в переохлажденном состоянии под избыточным давлением не менее 2-3 атм. Наличие пузырьков азота приводит к пробоям изоляции и, как следствие, ее разрушению. Данный диапазон температур – это область жидкой фазы азота. Из-за потерь при гидродинамическом сопротивлении, теплопритоков, выделения джоулева тепла на омических участках температура по кабельной линии колеблется на 4 – 7 градусов.

Критический ток линии. Измерение критического тока линии производились на образце «свидетеле» на испытательном стенде ОАО «ВНИИКП». Результат испытаний: по образцу «свидетелю» - 4,5 кА при 77 К; по длинномерной линии – не менее 5,2 кА при 74 К, что соответствует не менее ~ 7,7 кА при 66 К. С измерением критического тока кабеля на образце свидетеле получены данные по распределению токов по повивам, контактные сопротивления, определен уровень собственных потерь сверхпроводящей линии на переменном токе, определены параметры сверхпроводящего экрана. Кабельная линия была поставлена под нагрузку при напряжении 20 кВ и в течение 24 часов передавалась мощность 50±5 МВА.

При отсутствии омических потерь во время передачи тока в кабельной линии существуют теплопритоки через токовводы и криостаты, к тому же при переменном токе в сверхпроводящих жилах и изоляции кабеля возникают потери, вызванные переменным электромагнитным полем. При измерении потерь в сверхпроводящих жилах на образце «свидетеле» была получена величина потерь не более 1 Вт/м при токе 1500 А. Общие потери в длинномерном кабеле с учетом теплопритока в криостате составили около 3 Вт/м при этом же токе. Полные потери во всей линии вместе с токовыми вводами не превышали 3500 Вт. Криогенная системаLPC4FF поддерживала состояние кабельной линии на всех режимах работы.

Сверхпроводящая кабельная линия на основе высокотемпературных сверхпроводников успешно выдержала приемочные испытания и в 2014 г. образец длиной 200 м на напряжение 20 кВ и мощностью 50/70 МВА включен для опытно-промышленной эксплуатации в энергосети г. Москвы на подстанции ПС №798 «Динамо».

Базовая технология производства силовых ВТСП кабельных линий для распределительных сетей в России позволяет выпускать промышленным способом ВТСП кабельные линии любой требуемой длины с передаваемой мощностью до 0,5-1,0 ГВА и напряжением до 110 кВ. Данная технология позволяет создание более масштабных энергосетевых объектов как по протяженности (1,5-2) км так и по передаваемой мощности (110 МВА).

Созданный опытный образец силовой ВТСП кабельной линии является по своим параметрам (длина и передаваемая мощность) крупнейшим силовым сверхпроводящим кабелем в Европе и третьим – четвертым в мире.

Разработана технология создания энергосберегающих, эффективных и экологически чистых сверхпроводящих кабельных линий.

В НИЦ «Курчатовский институт» совместно с «НТЦ ФСК ЕЭС» в 2013 году были успешно проведены токовые и высоковольтные испытания биполярного ВТСП кабеля постоянного тока на 20 кВ, 2,5 кА длиной 60 м (2 отрезка ВТСП кабеля по 30 м, соединительная муфта и две концевые муфты с токоотводами). ВТСП был разработан в «НТЦ ФСК ЕЭС» и изготовлен на заводе «Иркутсккабель» из Bi-2223 ($Bi_2Sr_2Ca_2Cu_3O_{10}$) проводника производстваSumi-tomo. Этот кабель является прототипом 2,5 км ВТСП кабеля, создаваемого для электрической сети г. Санкт-Петербурга.

Несмотря на то, что способы и средства соединения отрезков традиционных кабельных линий давно отработаны, задача соединения ВТСП кабелей до сих пор не имеет устоявшихся технических решений. НИЦ «Курчатовский институт» разработал, создал и испытал арматуру для ВТСП кабелей линий постоянного тока. Соединитель отрезков ВТСП кабелей соединяет как сами кабели, так и их гибкие криостаты, потому должны соответствовать жестким требованиям по теплопритокам и тепловыделениям в криогенном объеме, выдерживать избыточное давление в 15 бар. Жесткие требования по теплопритокам в криогенный объем и отсутствию обмерзания на внешней поверхности криостатов накладывается также и на концевые муфты, каждая из которых по два латунных токоотвода. Контактные соединения отрезов ВТСП кабеля друг с другом и с токоотводами в конструктивном исполнении должны монтироваться в полевых условиях с минимальным набором инструмента. Суммарный уровень тепловыделений на номинальном токе в концевом контактном соединении ВТСП кабеля составил 6,5 Вт на один полюс, в соединительном контактном соединении – 5,7 Вт на оба полюса. Такое соединение двух отрезков ВТСП кабелей в России выполнено впервые.

Токовые испытания проводились на испытательной площадке в НИЦ «Курчатовский институт» многократно с отогревом кабеля до комнатной температуры. Во время испытаний температура жидкого азота на входе в кабельную линию составила от 79,5 К до 85 К, температура на выходе лежала в диапазоне от 80,5 К до 81 К, а температура в соединительной муфте была от 79,5 К до 80 К.

Токовые испытания показали полную работоспособность ВТСП кабельной линии постоянного тока. Измеренные критические токи ВТСП жил составляют 3440 А и 3550 А, что значительно превышает рабочий ток кабеля 2500 А.

После проведения токовых испытаний, на площадке НИЦ «Курчатовский институт» ВТСП кабель успешно прошел высоковольтные испытания: 50 кВ постоянного напряжения в течении 30 минут.

Дальнейшие испытания образца ВТСП кабеля будут продолжены на полигоне «НТЦ ФСК ЕЭС» в условиях охлаждения переохлажденным жидким азотом от рефрижератора в замкнутом режиме.

4. Применение сверхпроводящих кабелей на основе ВТСП за рубежом

В Японии Sumitomo Electric, Ltd. (SEI) осуществила прокладку и приступила к долгосрочным эксплуатационным испытаниям ВТСП кабельной линии, проложенной в цехах завода компании OsakaWorks. ВТСП кабельная линия представляет два трёхфазных ВТСП кабеля типа «три в одном» по 35 м каждый, изготовленных из DI – BSCCOпровода производства SEI(шириной 2,8 мм, толщина 0,31 мм общий расход ВТСП проводника 6 км). Номинальное напряжение ВТСП кабелей – 3,3 кВ рабочий ток – 210 А.

Отличительные особенности: наличие вертикально расположенного участка высотой 18 м и уменьшенный до 100 мм наружный диаметр. Разработана разветвительная коробка, позволяющая разводить кабель в двух или более направлениях и менять направление кабеля. ВТСП кабельная линия охлаждается жидким азотом от двух рефрижераторов холодопроизводительностью по 1 кВт каждый.

Летом 2013 года стартовал проект по созданию 500 метровой и 2000 метровой ВТСП пилотных кабельных линий постоянного тока. Министерство экономики, торговли и промышленности выделило порядка 2,5 млрд. йен (850 млн. руб.) и поручило объединению из четырёх фирм: SumitomoElectricIndustries, Ltd. (SEI); ChubuUniversity; ChiyodaCorporationи SakuraInternetInc. провести цикл работ по проектированию, изготовлению, установке, испытанию ВТСП кабельных линий длиной 500 м и 2 км на территории нового порта г. Исикари (о. Хоккайдо). В 2014 году намечено начать опытную эксплуатацию ВТСП линии 500 метров, которая будет передавать энергию от солнечной электростанции. ВТСП линия постоянного тока 2 км, будет соединять подстанцию и центр фирмы Sakura. Новые технологии Chubuи SEI, а также достижения Chiyodaв области криогеники позволят в будущем создать значительно более длинные – до 200 км ВТСП линии электропередачи постоянного тока.

В настоящее время НИОКР по созданию силовых ВТСП кабельных линий ведутся во многих промышленно развитых и в ряде развивающихся стран мира. Крупные проекты ведутся в Японии, США, Южной Корее и Китае. В 2006 г. Запущены в опытную эксплуатацию ВТСП кабельные линии:

- длиной 200 м, ток – 3000 А, напряжение – 13,2 кВ. Кабель с максимальной плотностью тока, минимальной мощностью – 19 МВА, максимальной мощностью – 55 МВА, средней мощностью – 32 МВА на подстанции Биксби, штат Огайо (США, проект США – Дания);

-длиной 350 м, ток – 800 А, напряжение – 34,5 кВ. Вставка из ВТСП второго поколения в г. Олбани (США, проект США – Япония).

В 2008г. ВТСП кабельная линия длиной 600 м, ток – 2400 А, рабочее напряжение – 138 кВ, мощность ~ 574 МВА, в системе электропитания Нью – Йорка.

В табл. 4.1. представлено современное состояние сверхпроводниковых кабелей на основе высокотемпературных сверхпроводников.

Таблица 4.1.

Современное состояние сверхпроводниковых кабелей на основе высокотемпературных проводников.

Наименование проекта	Производитель	Сроки выполнения, годы	Характеристики	Стоимость, $
LIPA HTS Cable I	AMSC(проводник), Nexans, Air Liquid, Lipa	2003 – 2007	3 – фазы, 138 кВ, 2,4 кА, 610 метров, I-этап – 3ВТСП-1 кабеля, II – этап – замена 1 кабеля на ВТСП-2	49141000
LIPA HTS Cable II		2007 – 2012		1750000
TresAmigas Power Transfer Facility	AMC (проводник), TresAmigas LLC	2012 – 2014	200 метров, 345 кВ, 12,5 кА, 5 ГВт, сверхпроводящий кабель постоянного тока, проект	
Resilient Electrical Grid (Hydra)	AMSC (проводник), Con Edison, Ultera, ORNL	2007 – 2014	170 метров, 13,8 кВ, 4 кА, 3-х фазный токоограничивающий коаксиальный кабель	29043000
Superconducting DC cable	AMSC (проводник), CapS, Sothwire, NSWC	2007 – 2013	30 метров, 1 кВ, кабель постоянного тока	5000000

Библиографический список

1. PeshkovI. etal. Design and first state of 50 – meters flexible superconducting cable. IEE Trans. on Magn. V.15.N1, 1979, p. 1299.

2. Garber M. et al. Appl. Supercond. Conf., Pithsburgh, 1978, p. 678.

3. Уиди Б. Кабельные линии высокого напряжения: Пер. с англ. – М.: Энергоатомиздат, 1983. – 232 с., ил.

4. SytnikovV.E., VysotskyV.S., RychagovA.V., PolyakovaN.V., RadchenkoI.P., ShutovK.A., LobanovE.A., FetisovS.S. The 5mHTSPowerCableDevelopmentandTest, IEEE Transaction on Applied Superconductivity. Vol. 17, N2, p. 1684 – 1687, 2007 (Panep 3LG07 presented at ASC – 2006, Seattle, USA, August 2006).

5. Сытников В.Е., Высоцкий В.С., Свалов Г.Г. Сверхпроводящие кабельные изделия на пути внедрения в электротехнику и электроэнергетику. Кабелиипровода, N5 (306), 36 – 48, 2007.

6. Sytnikov V.E., Vysotsky V.S., Fetisov S.S., Nosov A.A., ShakaryanYu.G., Kochkin V.I., Kiselev A.N., TerentyevYu.A., Patrikeev V.M., Zubko V.V. Cryogenic and Electrical Tests Results of 30 MHTS Power Cable, (Advanced in Cryogenic Engineering: Transactions of the Cryogenic Engineering Conference – CEC 2009, Vol. 55).

7. Sytnikov V.E., Visotsky V.S., Rychagov A.V., Polyakova N.V., Radchenko I.P., Shutov K.A., Fetisov S.S., Nosov A.A. and Zubko V.V. 30m HTS Power Cable Development and Witness Sample Test, IEEE Transactions on Applied Superconductivity, Vol. 19.N3, 2009, p. 1702 – 1705.

8. Ю.М. Анненков, А.С. Ивашутенко. Перспективные материалы и технологии в электроизоляционной и кабельной технике: учеб. пособие/ Ю.М. Анненков, А.С. Ивашутенко. – Томск: Изд-во НИТПУ, 2011. – 212 с.

9. Интернет ресурс http://perst.isssph.kiae.ru/supercond/.

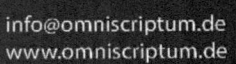